目錄 | CONTENTS

54 麻油雞

麻油雞最為人稱道的食補貢獻，莫過於讓生產完的孕婦，大量回補精、氣、神；而在寒冷的冬天，一碗油滋滋、酒辣辣的麻油雞下肚，不但通體活絡舒暢，香氣四溢的麻油，更讓人食指大動，想要再來一碗。

48 辣味蛤蠣義大利麵

對義大利人而言，義大利麵是每餐必備的食物，在飲食生活中佔有非常重要的地位。而義大利麵的世界就像是千變萬化的萬花筒，數量種類據說至少有500種之多，再配上醬汁的組合變化，便可做出上千種的義大利麵料理。

62 豬血湯

豬血湯算是台灣傳統小吃中，頗具特色的一道路邊攤美食。它不只好吃，其營養更是所向披靡。豬血中的血漿蛋白經過胃酸和消化液分解後，能產生一種有潤腸及解毒作用的物質。這種物質可與粘附於胃腸壁的粉塵、有害金屬微粒等產生化學反應，從而使這些有害物排出體外。

68 擔仔麵

說起台南的小吃，相信度小月擔仔麵該是當地最有名的一項了。為什麼要叫做度小月呢？據說，這是在光緒年間，有一位原籍漳州的洪姓漁人，移民府城後便靠打漁為生。但打漁有淡、旺季之分，每年從清明到中秋，就是打漁人的淡季，叫做小月。

76 愛玉冰

製作愛玉凍時，須將愛玉籽包裹在紗布內，浸在冷開水裏用雙手輕輕搓揉，這個過程稱作「洗愛玉」。洗時要注意水中不能有油性物質，也不能先加糖，否則無法結凍。上述是比較傳統方式的製作方法，除此之外，也可用果汁機，打兩分鐘後再用紗布擠出。

84 草莓牛奶冰

外型鮮紅嬌嫩，小巧可愛的草莓一直是許多女孩子的最愛，除了它外型討喜以外，嚐起來酸酸甜甜的滋味，就猶如談戀愛般的感覺，因此草莓一直是極受消費者喜愛的水果。草莓是屬於冬天的水果，主要的產季是12月中旬到翌年5月上旬，以2月中旬到4月下旬為盛產期。

台灣小吃千百種　在家動手樂趣多

台灣小吃以濃厚的地方特色與生鮮道地的食材，緊緊抓住在地人的胃與遊客的心，許多外國遊客來到台灣，品嚐美食已經是成為既定的行程。相對於傳統中國菜的講究與精緻，台灣小吃的活潑多樣，更是增加了一分不必正襟危坐的自在與親切感，加上與台灣特有的夜市文化緊密結合，可說充分表現台灣飲食的特色。不用花大錢，就可以吃到美味的小吃，這是台灣人的幸福。

DIY系列第一本書《路邊攤美食DIY》推出之後，獲得讀者廣大的迴響。這一次大都會編輯部再度嚴選出12種大家耳熟能詳，一吃再吃而欲罷不能的美食集結成冊，書中仔仔細細的為讀者寫出作法，探聽出美味好吃的秘訣，請各家路邊攤老闆親自示範，每一道都是經典，都是老闆們的心血結晶。

路邊攤的小吃可以說是陪伴著你我成長，不論是魷魚羹、米粉湯、麻辣臭豆腐、擔仔麵或清淡的廣東粥，還是最近流行的草莓牛奶冰等，各式各樣的小吃充斥在生活的周圍。路邊攤就像是永遠都不會關門的7-11一般，為我們的生

活增添了方便與樂趣，而那傳統的美味，也是許多出國的遊子們所念念不忘的家鄉味。

對於路邊攤的美食，許多人還是會有著小小的隱憂。因為現代人對於養身、健康這方面的觀念越來越重視，少糖、少鹽、不要味精，成為大家選擇食物的準則。於是，路邊攤的小吃雖然美味，但是礙於健康的考量，也會令人在面對美食時，開始猶豫不決。但是，如果在家自己動手做，不僅僅可以省去外出的麻煩，配料更可以隨每個人的喜好而改變，口味想要清淡一點、口感想要脆一點，都可以自由選擇，說不定還可以自創出獨樹一格的美食呢！而家中有小孩的人，與小朋友一起在家DIY動手做點心，更是個增進親子感情的好方式。

【嚴選台灣小吃DIY】為各位喜歡動手做美食老饕們，收錄了許多台灣各地的有名小吃，包括了草莓牛奶冰、麻油雞、魷魚羹和豬血湯等等，由超人氣店家的老闆們親自示範，告訴你煮出好吃料理的訣竅與秘方，讓你在家也可以做出媲美路邊攤的美食。從此再也不必忍受的風吹、雨打、日曬，也不用辛辛苦苦的排隊了。

只要按著本食譜按圖索驥，就能做出既衛生又營養的道地美味。想要在家做出如此美味的小吃不再是難事，開始享受自己在家DIY的樂趣吧！

鱿鱼羹

說起魷魚羹，真可說是台灣小吃的代表之一，不論夜市、店家、市場還是路邊，都是隨處可見，但卻也免不了大同小異：不外乎打著魷魚羹、沙茶魷魚羹、韓國魷魚羹的招牌等等，碗內的食材大概也就是魷魚、魚漿、蛋花、筍絲、沙茶和幾片九層塔這些食材的變化。

其中台南市的浮水花枝羹，也算是有名的小吃之一，挑選出中等長度的新鮮花枝，再將整隻花枝剝皮處理後，放入機器中以冰水及鹽水加以拍打，然後以新鮮旗魚漿沾裹，置於熱水煮熟，煮熟的魷魚羹會一顆顆浮在水面上，所以稱之為「浮水」。配料則加入筍絲、柴魚調配勾欠，盛食時，放點黑醋、香油、沙茶、香菜，一碗令人垂涎三尺的浮水花枝羹即告完成。

而要加黑醋時也有小技巧，最好不要將黑醋隨著其他調味料一起下去烹煮，因為黑醋的香味會因高溫而揮發掉，如此到最後就只剩下酸味。因此要放黑醋時最好等到要上桌時才加。

黑醋是我們吃羹類食物時，最佳的酌料。而醋到底是在什麼時候出現的呢？依照各種文獻的記載，可以發現大約出現在三千五百年前，不論是白醋或黑醋都可用來作為調味料，也常常使用在治療疾病上。醋是中國人發明的。而在後來發現它對人體有益後，便被大量的製造，而廣泛的被利用在烹飪方面。接著醋又傳到日本，而與鹽並列為日本料理中的兩大調味料。

另外，醋也被利用在疾病的治療上，現在民間中有許許多多以醋為主要成份的秘方，大家都廣為流傳。據說埃及的最後一位女王克麗佩脫拉，經常將珍珠泡在醋中當作美容液來使用，結果一直到死時，都保有美麗動人的肌膚；還傳說在瘟疫大流行時，喝了醋可以免疫。在我國也有喝醋可以消除疲勞、鬆弛肌肉、避免風濕、減肥等等的說法。

我來介紹

「我堅持使用數十種的香料和最新鮮上等的材料，每天親自製作熬煮，因此兩喜號的魷魚羹，每碗以40元的大眾化價格賣出，其實我們的淨利大約只在10元左右，只希望喜歡兩喜號的顧客都能夠有始有終的品嚐到好味道，也就夠了。」

老闆‧陳先生

因為好吃，所以賺錢
兩喜號魷魚羹

地址：台北市萬華區廣州街225號
電話：（02）2308-7332
每日營業額：1萬6千元

製作方式

《《 材料

　　南北貨批發相當有名的迪化街上，就可以買到整隻的乾魷魚，兩喜號的陳老闆建議幾個選購的要點：像是魷魚愈大品質則愈好，而且阿根廷進口的魷魚又比一般市面上所販售的巴西進口魷魚好。至於魚漿也分為好幾種，旗魚魚漿因為季節性量產的關係，因此價錢較高，不過嚐起來的口感卻比較脆，其他像是鯊魚魚漿，或是一些名不見經傳的小魚混合所製作的魚漿，口感的差別也因此影響到價位，陳老闆也建議一般人可直接到製作魚丸之類的專門店購買所需的種類。

1. 魷魚，上等的整隻魷魚
2. 旗魚魚漿
3. 竹筍絲
4. 地瓜粉

調味料

1. 白醬油　　　5. 紅蔥頭
2. 香菜　　　　6. 胡椒粉
3. 醬油　　　　7. 糖
4. 鹽

《 前製處理

阿根廷魷魚

(1) 乾魷魚泡水至少一個晚上的時間，變軟後
　　切片。
(2) 倒入適量的鹼粉，將切片魷魚浸泡約1~3
　　小時，直到肉質變的既軟且脆為止。
(3) 用大量活水漂淨魷魚中所含的鹼粉（直到
　　水質清澈透明），讓魷魚呈現膨脹效果。
(4) 魷魚用熱水稍微汆燙，再浸入冷水中。
(5) 將魷魚急速冷凍以維持咬勁十足的口感。

魷魚羹

魚漿

(1) 在生魚漿中加入少許胡椒粉以去除腥味。

(2) 利用手工捏出魚漿形狀後，放入水中浮起即煮熟。

《《 製作步驟

1. 準備一鍋高湯煮沸。

2. 高湯加入地瓜粉水勾芡成為羹湯底。

3. 加入醬油、鹽、味精等調味料調味。

4. 放入已經切好的竹筍絲。

5. 加入魚漿、阿根廷魷魚烹煮一會兒。

6. 充分攪拌均勻之後,再用小火熬煮一會兒。

獨家秘方

(1) 對於身體無害的鹼粉，是維持魷魚十足Q勁口感的小秘訣。

(2) 獨家調製的醬料，是美味絕頂的秘訣，重點在於先將紅蔥頭爆香、壓碎、加入醬油、糖、鹽、胡椒粉等調味料熬煮至香味四溢即成獨門醬汁。

7. 想要吃的時候，舀起適量的魚漿、魷魚及高湯。

8. 加入獨家秘方的醬料及香菜、胡椒粉、香油即完成好吃的魷魚羹。

9. 魷魚羹成品圖

廣東粥在古早時代，就是老一輩的爺爺奶奶們所稱的八寶粥或是雜菜粥。根據歷史上記載，中國人吃粥主要有三大理由，第一是因為窮困，再來是因應節日，最後是為了養生而吃粥。在古時，窮人多是喝粥，因為對窮人來說，米是很珍貴，所以即使是煮稀飯，也是儘可能少放米，多加水，這樣煮出來的粥，又稱「薄粥」。薄粥的特色是非常的稀，薄到與水幾乎無異的程度，所以在古時，不稱吃粥，而稱為喝粥。

在中國，因為地大物博，粥的名稱也會因為地點而有差異，如北方人煮粥多不加料，所以又稱為饘或稀飯。而在廣東、福建一帶則稱粥為糜。另外，依照粥的濃淡也有各種的稱呼，例如，把稀的粥稱酏或湯，但這些不同的名稱，現今大都捨棄不用，一律稱為粥。

在台灣，除了傳統的蕃薯粥，粥還有很多種吃法，大致可分為三大類：甜粥、鹹粥和清粥。甜粥的種類雖然比鹹粥少，但也算是中國粥品的一大特色，像有名的臘八粥，就是甜粥的代表。甜粥除了米，也可以使用穀類或豆類，然後再加上黑砂糖煮，或者是加入紅棗，由紅棗產生自然甘甜的粥，吃起來甘甜又養生。

而清粥的口味顧名思義會比較清淡，通常是單純的米粥而已，但也有加入小米、綠豆或蓮子等物，使吃起來會覺清香。蕃薯粥也算在清粥之列。在中國，清粥即等於早飯，不過也有家庭當成晚餐吃。現在端看個人喜好不同，並沒有硬性規定。

廣東粥就是屬於鹹粥的做法。粥裡面的佐料十分豐富，例如蝦米、魷魚、豬肉、香菇、豬肝等。廣東粥，乍聽之下直覺反應就是：「廣東省的稀飯」。其實差不了多少啦！很久以前，大陸上像廣東、香港等地方，有一種叫做米漿或糊的東西，其作法就是將飯及配菜全放進一個大鍋裏，一直煮到它呈糊狀便完成了。

我來介紹

「我個人並不習慣香港廣東粥那種米磨過後再加粉的米糊式粥品，因此經過我不斷的調味改良，再根據客人的不同喜好，而發明了這種符合台灣人飲食習慣的粥品菜單，像皮蛋瘦肉粥、海產粥、豬肝粥、青菜粥、及綜合式的廣東粥。每一碗粥的用料都是最新鮮的。」

老闆‧黃先生

因為好吃，所以賺錢
老店廣東粥

地址：淡水鎮仁愛街13號
　　　（近淡江大學英專路上）
電話：（02）2623-5766
每日營業額：1萬5千元

製作方式

《 材料

　　廣東粥的食材，可以隨著個人的喜好而增減，例如，喜歡吃海鮮粥的人，魚片、蚵仔、蝦子、蛤蠣等海產就可以大大方方的丟入事先熬好的白粥中，起鍋前加顆蛋，灑上碎芹菜與適量胡椒粉，再添上油條，就是一道鮮美的廣東粥品了。

1.肉絲少許　　　　　5.蚵仔適量
2.豬肝適量　　　　　6.小白菜適量
3.魷魚適量　　　　　7.雞蛋一顆
4.蝦仁適量　　　　　8.皮蛋一顆
9.油條適量
10.蔥花少許
11.白米（可以先熬成一鍋白粥，等到想吃時，再盛
　　出來加料煮成廣東粥。）

《《 前製處理

清粥

(1) 先計量所需要的米量並洗淨,加入適當的高湯,在大鍋中熬煮約2小時。(要隨時注意水量,不要讓水煮乾了,而且要記得隨時攪動,免得米粒結成一團。)

(2) 加入鹽、味精調味成清粥備用。

配料

(1) 肉、豬肝切片、魷魚切絲。

(2) 蝦仁挑掉沙腸洗淨,蚵仔用鹽洗掉黏膜備用。

(3) 小白菜洗淨切斷備用。

廣東粥

《《 製作步驟

1. 將清粥視份量舀至小鍋中，以大火烹煮至粥滾。

2. 加入已經切碎的皮蛋，記得要攪拌。（不喜歡皮蛋味道的人，這一步可以省略）

獨家秘方

在熬煮白粥的時候，要不停的舀動鍋中米粒以免結塊。另外廣東粥以及海鮮粥中均有海鮮類的食材，在烹煮的時候應該要依順序先放入肉絲、皮蛋、魷魚、豬肝、蝦仁等，避免海鮮烹煮過久而生老。

3. 加入新鮮魷魚，也可以看個人口味加入肉絲、豬肝、吻仔魚或是蚵仔等等配料，只要自己喜歡都可以。

4. 加入挑掉腸泥的新鮮蝦仁，這樣的蝦子吃起來才不會沙沙的，影響口感。

5. 不斷翻攪至均勻，待整鍋粥滾後加入蛋攪勻，熄火。

6. 盛入容器中，灑上蔥花、胡椒粉及已剪成小塊狀的油條，即完成粥品。

蚵仔煎

有「台灣生蠔」之稱的蚵，不僅肉質白嫩鮮美，且營養價值為貝類中最高的。蚵熬成油就是蠔油，可以用來做菜，味道極為鮮美，無論煮湯或酥炸都很可口。

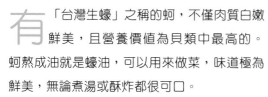

而台灣最有名的小吃之一──蚵仔煎，就是用蚵、蛋、太白粉及茼蒿菜煎成。關於蚵仔煎的起源，有三種不同的說法。其一是根據民間傳聞，在西元一六六一年，荷蘭軍隊占領台南時，鄭成功從鹿耳門率兵攻入，意圖收復失土。當時鄭軍勢如破竹大敗荷軍，荷軍一怒之下，把米糧全都藏起來，鄭軍在缺糧之餘急中生智，索性就地取材將台灣特產蚵仔、番薯粉混合加水和一和煎成餅吃，想不到竟流傳後世，成了風靡全省的小吃。

其二，據說它的發源地在鹿港天后宮前的一個露天攤子。當年的老闆郭老先生從日據時代的海軍退伍後，就做起海產的小吃生意。由於蚵仔的腥味重，他就發明了蚵仔煎的吃法，沒想到大受歡迎，後來有人陸陸續續模仿他，而且現在鹿港天后宮前，還到處都是蚵仔煎的天下。

還有一種說法，認為蚵仔煎是因為先民困苦，在無法飽食下所發明的創意料理。它最早的名字叫「煎食追」，是台南安平地區一帶的老一輩人都知道的傳統點心，其作法是以加水後的番薯粉漿包裹蚵仔、豬肉、香菇等雜七雜八的食材所煎成的餅狀物。

姑且不論蚵仔煎的起源，新鮮的蚵仔是這項由來已久的小吃最重要美味的保證。很多人抱持著要吃蚵仔煎，就要到蚵仔產地去吃的觀念，像是台南安平、嘉義東石或屏東東港這些盛產蚵仔的養殖地。因為這些新鮮蚵仔在產地現剝現賣，不必因為長途運送而浸水，所以顆顆肥美碩大、鮮美無比，做出來的蚵仔煎當然豐盛多汁。

除了新鮮的蚵仔外，淋在蚵仔煎上的醬料也是一大關鍵，甜而不膩、濃淡適口的醬料，才能襯出蚵肉的鮮美可口。

我來介紹

「我們的蚵仔煎都是由嘉義縣東勢和布袋所進貨的高品質蚵仔，肉質飽滿，再加上完全不含香料和色素的醬料，當然口感絕佳。」

老闆·賴先生

因為好吃，所以賺錢
賴記蚵仔煎

地址：台北市民生西路198之22號
電話：(02) 25550381
每日營業額：約22500元

製作方式

《 材料

選擇新鮮、肥大的生蚵，並使用豬油煎製，最後搭配甜而不膩的醬料，就是蚵仔煎美味的秘訣。

1. 蚵仔半斤
2. 小白菜2兩
3. 土雞蛋2個
   （土雞蛋較一般雞蛋大，吃起來也比較香Q可口）
4. 韭菜3棵
5. 蝦仁半斤
6. 上等地瓜粉1/4斤
7. 水3/4碗
8. 豬油適量

調味料

1.海山海鮮醬半斤 6.麻油2小匙

2.蕃茄醬4兩   7.胡椒粉2/3小匙

3.四川辣椒醬4兩 8.鹽1小匙

4.味噌醬8兩   9.米酒2大匙

5.糖4兩   10.味精1小匙

《《 前製處理

1.小白菜

(1) 將小白菜挑選、洗淨。

(2) 稍微瀝乾水分、切段備用。

2.蚵仔、蝦仁

　　將蚵仔、蝦仁去沙、洗淨備用。

3.地瓜粉漿

(1) 準備1斤半的清水,加入地瓜粉半斤、麻
　　油2小匙、胡椒粉2/3小匙、鹽1小匙、米
　　酒2大匙攪拌均勻。

(2) 韭菜4兩洗淨切碎,加入已調好的地瓜粉
　　水中,即成地瓜粉漿。

蚵仔煎

4.調味淋醬

將半斤海山海鮮醬、4兩蕃茄醬、8兩味
噌醬、4兩糖放入鍋中拌炒均勻後,加入
半斤已調勻的地瓜粉水芶芡至滾稠,即成
醬料。

1. 在平鍋中加入1大匙的豬油,將豬油放入
   煎鍋。

2. 炒約10秒後,淋上適量的地瓜粉漿。

蚵仔煎

3. 將地瓜粉漿均勻地分佈在蚵仔上。

4. 放入新鮮蝦仁略煎10秒。

5. 將地瓜粉漿煎成半熟凝固狀,再打上一個土雞蛋。

6. 將蛋黃戳破後,放上小白菜。

(1) 蚵仔煎若怕腥，可先用鹽洗掉黏膜，以清水沖洗乾淨，即可除去腥味。

(2) 番薯粉也是使蚵仔煎美味的另一個重要關鍵。番薯粉的種類很多，但只有純番薯粉才能調出香醇濃郁的粉漿。

(3) 冬季茼蒿盛產的季節，可將小白菜換成茼蒿菜，味道將會更道地、更美味。

(4) 用豬油煎蚵仔煎不但能提升香味，而且會使表皮更酥脆。

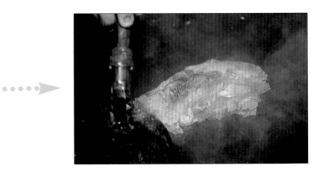

7. 將蚵仔煎翻面。

8. 再加上一些豬油煎至兩面呈金黃色(約1至2分鐘)，即可起鍋盛盤。

9. 澆上特製淋醬及蒜泥醬油或辣椒醬(視個
   人口味而定)。

10. 美味可口的蚵仔煎成品。

米粉湯、麻辣臭豆腐……

中國的美食聞名天下，但根據調查，臭豆腐是老外最懼怕的食物之一，許多來台灣的老外，一碰到臭豆腐，就被那氣味給嚇得退避三舍，他們不明白這種臭氣沖天的東西怎麼能吃，當然偶爾也有「逐臭之夫」，但那畢竟是少數。其實不一定是老外，就連道地的中國人都不一定會喜歡這種味道呢！對它的愛憎可以說是兩極化。

在台灣，臭豆腐的吃法，原來很單純，傳統是下鍋油炸，炸到表皮金黃酥脆後撈起，再用剪刀剪成四個小塊，盛入盤中，澆上一些蒜、醋、醬油等醬汁；而更誘人的是，臭豆腐旁一定會配上泡菜，它那微酸微甜、辣中帶脆的口感，搭配臭極而香的油炸臭豆腐正是絕佳拍擋！

而現在的臭豆腐在口味及花樣不斷翻新，有清蒸臭豆腐、麻辣臭豆腐、紅燒臭豆腐、燒烤臭豆腐、腸旺臭豆腐等，琳琅滿目。以麻辣臭豆腐為例，除醃漬須細心調理外，湯頭烹調之方法也是關鍵所在。

細究麻辣臭豆腐的起源，應該是這幾年重口味的麻辣火鍋，在台灣蔚然成風，連帶也使得麻辣臭豆腐成為美味佳餚。

至於米粉，則在台灣的米食世界中扮演著相當重要的角色。而其中又以新竹的米粉最有名的。主要是因為新竹風大，米粉風乾的速度快，所以做出來的米粉不但色澤美、富彈性且不易斷裂。而新竹米粉分為炊粉和水粉兩種，水粉製造時需經水浸泡，而線條較粗，適合煮食；炊粉則線條較細，適合炊食。

而選購米粉時，首先要注意的是，較具透明感的米粉，往往彈性特佳。其次，不要買太白的米粉，因為精白的米粉或許摻和了漂白藥物，中看不中吃。

我來介紹

老闆‧邱先生與女兒

「我們的料理可以說是台灣第一，每天賣出去的碗數一定都超過400碗。歡迎所有顧客前來比較！」

因為好吃，所以賺錢
黑輪伯米粉湯＆麻辣臭豆腐

地址：台北市忠孝東路四段181巷內
電話：0939508746
每日營業額：約1萬7千元

製作方式

1.麻辣臭豆腐

《 材料

　　以下一般的材料都可以在迪化街買得到，老闆自製的麻辣鍋底醬，則是由四川進口的辣椒乾、辣椒粉和花椒所熬煮製成。

1.大骨	5.麻辣鍋底醬
2.蝦米	6.油蔥酥
3.肉絲	7.臭豆腐
4.香菇	8.鴨血

《《 前製處理

1.麻辣鍋底醬

(1) 以4人份為例，需準備調味料為辣椒粉
1/2小匙、花椒粉1/4小匙、薑1/4兩、五
香粉和肉桂粉各1/4茶匙

(2) 將薑爆香，而後加入上述調味料。

(3) 加入3斤水與醬油2兩、糖1/4兩、米酒
1/4大匙和生辣椒4兩，熬煮1小時後，即
成麻辣鍋底醬。

2.高湯

(1) 先將蝦米、香菇、臭豆腐和鴨血等材料洗
淨。其中，香菇需泡軟切絲，蝦米泡水備
用。

(2) 將大骨放入鍋中以大火熬煮，並過濾雜質
和油份。

(3) 先將鴨血以熱氣稍微燜熟。

(4) 將麻辣鍋底醬及其他提味材料（臭豆腐和
鴨血除外）加入大骨湯中以大火熬煮約半
小時。

《《 製作步驟

1. 以熬煮完成的大骨湯頭加入四川麻辣醬製
作湯底。

2. 加入臭豆腐煮熟，不時攪動湯底。

米粉湯、麻辣臭豆腐

3. 加入乾香菇調味，不時攪動湯底。

4. 加入蝦米調味，不時攪動湯底。

5. 觀察臭豆腐的熟透程度。等臭豆腐整個膨脹之時，再轉成小火熬煮約20分鐘。(豆腐煮越久越入味)

6. 倒入少許米酒提味。

7. 加入新鮮鴨血，以些許時間燜熱。

8. 麻辣臭豆腐及鴨血煮熟後轉成小火加熱，
   燜煮約5分鐘後即可撈起。

9. 熱騰騰的麻辣
   臭豆腐與麻辣
   鴨血成品。

2.米粉湯

《 材料

　　一般米粉湯多半加入油豆腐、豬內臟之類的小菜；在這裡，則是在清爽的米粉湯中添加芋頭、肉絲和豆皮等豐富的材料，像是吃八寶粥一樣，感覺充實而滿足。

1.旗魚米粉
2.蝦米
3.乾香菇
4.芋頭
5.豬肉絲
6.油豆腐皮（油炸過）
7.油蔥酥
8.大骨湯頭

《 前製處理

(1) 芋頭削皮切塊；蝦米、乾香菇洗淨；油豆腐皮切片；豬肉絲川燙。
(2) 大骨頭燙過，濾過油份與雜質。

《《 製作步驟

1. 將濾過的大骨湯底加熱。

2. 加入適當旗魚米粉煮熟及加熱。

3. 依順序先加入豬肉絲並攪拌均勻。

4. 加入蝦米並攪拌均勻。

(1) 麻辣臭豆腐的火候大小與時間長短端賴整批臭豆腐的發酵程度而定。

(2) 米粉湯內添加香菇、芋頭、蝦米、油豆腐皮、豬肉絲等,可以增加湯頭美味。

5. 加入乾香菇並攪拌均勻。

6. 熄火的前2分鐘加入切塊芋頭並攪拌均勻。

7. 緊接著加入豆腐皮並攪拌均勻。

8. 完成步驟(6)、(7)的2分鐘之後熄火。

9. 美味的米粉湯成品。

蔥油餅

世界各地餅類五花八門、口味眾多，在台灣普遍最受歡迎的仍然是蔥油餅。蔥油餅的口味真可說是老少咸宜，愈吃愈順口，一口咬下去，立即感受到蔥香滿溢，即使不沾任何醬汁，味道就已經非常足夠；蔥油餅的口感很特殊，雖然只是單純的麵粉，但咬勁十足，又Q又脆，口中嚼一嚼，齒頰盡是青蔥芳香，誘引人食慾大開，既可當點心又可當正餐，好吃的沒話說！

　　麵粉是製作蔥油餅的主要原料，製作蔥油餅要記得用中筋麵粉，這樣吃起來才會有嚼勁。「小麥」是製作麵粉的唯一材料。台灣的小麥產量不多，主要的麵粉來源是仰賴進口，如美國、澳洲、加拿大，甚至印度。台灣業者在進口小麥後，經過加工磨製後才成為供應本地消費的麵粉。由於生產小麥的國別與氣候不同，因此小麥的種類可依產地、顏色、季節與硬度來分類。目前台灣大多使用的美國小麥，屬於硬質紅麥，乃為蛋白質較高的小麥品種。

　　蔥油餅是用燙麵做成，所謂的燙麵是指用攝氏九十度左右的熱水與麵粉混合而成。麵粉與水混合比例為３：１。在製作時，一邊攪拌，一邊加入熱水，在麵粉熟透後才開始揉搓，並使麵糰中的熱氣散盡並且涼透。麵揉到均勻即可，搓揉過度，會使麵糰增加韌勁。這樣做出來的蔥油餅才會Q又有嚼勁。當燙麵的麵糰揉好以後，分成大小適當的大小，桿成薄片，在上面塗上沙拉油，並灑上蔥花、鹽，然後把麵糰捲起來。如此重覆兩三次，最後桿成適當厚度，再放到油鍋中煎熟，就是香酥可口的蔥油餅。

我來介紹

「蔥油餅是我攤位上當仁不讓的人氣項目，皮酥蔥香、不油不膩，愈嚼愈有勁，一口接著一口，顧客都說吃了真的會上癮！」

老闆・王先生

因為好吃，所以賺錢
王家蔥油餅

地址：台北市南京東路五段291巷4-1號
電話：0932341185
每日營業額：約1萬4千元

製作方式

《 材料

製作蔥油餅的材料其實準備起來很簡單，包括了中筋麵粉與芝麻，可至迪化街或五穀雜糧行大批購買，而蔥、菜、肉若大量需要可至大批發市場買齊，以降低進貨成本。如果只是想在家裡當點心吃，普通的菜市場就可以買到囉！

1. 中筋麵粉1斤
   (此份量以路邊攤販賣蔥油餅的尺寸為例，約可做2至3張。在家製作時，可依照所使用的鍋具大小做調整。)
2. 蔥5兩
3. 芝麻少許

調味料
1. 鹽適量
2. 油適量

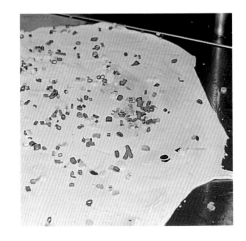

《《 前製處理

麵糰

(1) 在調理盆中倒入中筋麵粉1斤,將麵粉撥往盆四周,於盆中間留出一點空間。

(2) 先倒入水溫約35℃的溫水於盆中和麵(為軟化麵筋),1斤麵粉1斤水(此時的溫水並不能使1斤的麵粉完全和勻)。

(3) 再加入適當的冷水,將麵粉揉成糰狀(冬天要揉較長的時間,夏天則可縮短時間)。

(4) 用溼棉紗布覆蓋麵糰,醒麵15分鐘,即成蔥油餅皮。

蔥

(1) 將蔥去莖頭,挑選洗淨。

(2) 稍微瀝乾水份。

(3) 切成蔥花備用。

《《 製作步驟

1. 將麵糰取出適當的份量用手揉圓壓平。

2. 用桿麵棍將麵皮桿薄後,均勻的抹上一層沙拉油於麵皮上。

3. 灑上蔥花及少許的鹽。

4. 將麵皮捲成長條形。

5. 將捲成長條狀的麵皮，繞圈捲成螺旋狀。

6. 繞成螺旋狀之後，尾端壓底收尾。

7. 在完成的蔥油餅麵糰上，灑上大量的芝麻備用。

8. 將沾有白芝麻的麵糰壓平，舖上一層塑膠膜是為了避免麵糰和桿麵棍沾黏。

9. 用桿麵棍桿成大小厚薄適中的蔥油餅。

10. 以桿麵棍輔助支撐餅皮下鍋。

獨家秘方

(1) 冷燙麵可使蔥油餅皮更酥脆，使餅內更加柔軟，達到餅酥內軟的口感。

(2) 如果想吃更酥香的蔥油餅，可在桿薄麵皮時均勻地於皮上抹上一層豬油，再加鹽及蔥花捲起。

(3) 煎蔥油餅的火侯及技巧，更是決定餅是否好吃的關鍵。若想讓餅煎起時呈酥鬆狀，平底鍋中的沙拉油就要多放些（沙拉油可使餅鬆，豬油可使餅脆）。

11. 因為快速爐周圍火力無法均勻受熱，因此要適當的調整餅的位置，才能將餅煎的恰到好處。（在使用家中鍋具煎的時候，也是要注意火侯大小，避免外皮已經熟透，裡面卻還是生的。

12. 用煎鏟壓一壓蔥油餅，使其均勻受熱。

13. 煎成兩面酥黃，即可起鍋食用。

蔥油餅完成品。

蔥
油
餅

辣味蛤蠣義大利麵……

義大利麵(Pasta)是泛指用小麥粉製成的義大利麵食類，原來的意思是指熬製的半固體食物，研磨過的粉、小麥粉加水，再用水攪和揉搓而成的食品即稱為Pasta。

對義大利人而言，義大利麵是每餐必備的食物，在飲食生活中佔有非常重要的地位。而義大利麵的世界就像是千變萬化的萬花筒，數量種類據說至少有500種之多，再配上醬汁的組合變化，便可做出上千種的義大利麵料理。製作簡易、用料豐富、口感香濃的多種特色，不僅在義大利本地受歡迎，在世界各地的義大利餐廳中，更是必備的招牌食物。

製作義大利麵的材料非常普遍，一般人在家也可以自己動手做，而且大部分的人都能夠做出好吃的義大利麵。只要事先將義大利麵煮熟，時間大約7分半至8分鐘，並且把握住先把配料爆香、醬料隨後放入，以及最後再把麵條放進去一起炒的要訣。要注意，如果剛煮好的麵條不在3分鐘之內馬上熱炒食用的話，記得要先淋上一點點橄欖油稍微攪拌一下，以免麵條黏在一起。

此外，義大利麵的重點在於醬料，除了現成做好的罐頭醬料，如肉醬、蕃茄醬、起司粉等外，也可以自己研發，才能作出不一樣的口味喔！

我來介紹

「我們的義大利麵精選由義大利進口的Buono品牌，Buono在義大利文代表『極棒』的意思，而這個廠牌的產品的確也具有麵條香Q、不易斷裂的特色。」

老闆‧劉秀美小姐

因為好吃，所以賺錢
比薩王

地址：台北縣永和市中和路399號
電話：(02)8923-3899
每日營業額：平日1萬5至2萬元左右，假日2萬5千至3萬3千元左右

製作方式

《 材料

　　義大利麵首重醬料，在製作之前，先將馬瑞拿拉醬(食品材料行可以買的到)，與一顆新鮮蕃茄攪拌綜合在一起。另一種佐料—用大蒜橄欖油的作法是使用打成泥的新鮮大蒜(約三粒)與八十公克橄欖油混合，等到麵條將熟的時候倒入。

1.蛤蜊
2.九層塔
3.洋蔥
4.義大利麵

《《 前製處理

　　先將上述蕃茄馬瑞拿拉醬與大蒜橄欖油調製好，以便烹飪的時候能夠直接添加進去。這道料理不需要太多的調味料，讓醬汁的精華充分發揮即可。

　　此外，煮義大利麵也需要技巧。待水燒開後先灑一點鹽在水中，再把義大利麵放入滾水中，如此麵才會有鹹味。並且偶爾要用筷子撥動，以免麵條黏成一團。一般常用的長條狀義大利麵SPAGHTTI，大約煮七分半至八分鐘即可撈起，並略沖一下冷水，讓麵條在一熱一冷的溫度落差中更具Q度。

《《 製作步驟

1. 熱鍋約一分鐘後，倒入少許橄欖油。

2. 把洋蔥、九層塔等配料添加進去爆香，時間大約30秒即可，以避免炒焦。

辣味蛤蠣義大利麵

獨家秘方

由於義大利麵條的形狀不同，每種麵條都有自己不同的名字，也有不同的煮法。像是最常聽到的SPAGHTTI，便是義大利麵的一種，指的是長條圓體的麵條。

此外，像是名為ANGEL HAIR細麵適合佐以清淡口味的醬料，PENNA〈形狀像尖筆形的義大利短麵〉或MACARONI(呈管狀的義大利麵，通常稱為通心麵)即可以焗烤的料理方式或以橄欖油醬製作成麵沙拉；而粗麵最好以濃郁的醬汁來調拌。

3. 接下來陸續把蛤蜊、少許的辣椒與雞高湯放進鍋內，直到蛤蜊煮熟打開。

4 等到上述步驟完成之後，再把煮熟的義大利麵麵條放進去，以小火慢炒兩分鐘，讓麵條充分吸收湯汁。要注意千萬不要熱炒太久，以防麵條乾掉、沾鍋。

5 裝盤的時候注意順序，讓整個盤飾看起來
　美觀。首先將麵條放在底層，並依順時鐘
　方向盤起，最後再把配料蛤蜊放在上面，
　灑上一些香料。

6. 進行最後的修飾工作，放上大蒜麵包就大
　　功告成了。

麻油雞

麻油雞最為人稱道的食補貢獻，莫過於讓生產完的孕婦，大量回補精、氣、神；而在寒冷的冬天，一碗油滋滋、酒辣辣的麻油雞下肚，不但通體活絡舒暢，香氣四溢的麻油，更讓人食指大動，想要再來一碗。

麻油雞起源甚早，早在唐朝的「食療本草」一書中即有做法記載：「取雞一隻，洗滌乾淨，與烏麻油二升熬香，放酒油中浸一宿，飲之，令新產婦肥白。」這與今日麻油雞做法頗為雷同。

至於為什麼麻油雞對於坐月子的產婦有幫助呢？這是因為麻油含有脂肪酸中的亞麻油酸，這可合成前列腺素，而前列腺素是強力子宮收縮的要素之一，所以多吃有益子宮收縮。而且麻油中不飽和脂肪佔90%，飽和脂肪酸佔10%，後者對於細胞壁是不可或缺的構成成份，對於產婦的修補很有幫助。

此外，雞肉供應蛋白質，而雞油的不飽和脂肪酸也很豐富，也有利於產婦恢復元氣。至於酒精，則對子宮收縮有抑制作用。

總而言之，麻油雞具備了鈣、鐵質及蛋白質等多種營養成份，是一道美味又滋補的料理。不但能讓產婦快速復元，很快恢復青春美麗；也讓共享麻油雞的家人抗衰防老，避免老人癡呆症。

我來介紹

「我們每天凌晨一點就到市場挑選優良的雞隻,而且都是在現場現炒現賣,因此雞肉新鮮,滑嫩順口。」
老闆娘‧謝小姐

因為好吃,所以賺錢
嘉味仙麻油雞

地址:台北縣永和市樂華夜市內(燈籠滷味旁)
電話:0937422086
每日營業額:約2萬元

《 材料

烹煮麻油雞以選擇烏骨雞為佳,烏骨雞為藥膳珍品,可補虛勞、益產婦。且要選烏雌雞,不可選烏雄雞,烏雄雞是用來安胎的,烏雌雞才適合產婦。烏骨雞含豐富優質蛋白質,可治貧血;DHA、維生素A、B2、鐵質含量高,具有保固腎臟的優點。

1. 老薑6兩
2. 胡麻油1杯
3. 母雞1隻
4. 米酒2瓶 (若味道太重,酒可少放些,並加上一些水稀釋)。

《《 前製處理

(1) 先將雞肉與老薑切塊洗淨。

(2) 內臟切塊洗淨、備用。

《《 製作步驟

1. 先在油鍋中倒入適量的麻油。

2. 趁油未熱加入老薑。(若鍋子太熱薑會焦掉)

3. 待老薑爆出香味。

4. 放入雞腿、雞塊。

5. 略為翻炒，直到雞肉表皮呈熟狀（內肉未熟無妨）。

6. 加入米酒，需蓋過雞肉。若不想酒味過重，可加入適量的水稀釋。

7. 待麻油酒煮滾。

8. 加入適量的水,若喜歡酒味重者亦可不加
水。

9. 加入少許的味精調味。

10. 待整鍋滾後即可撈起部分雞肉,以免肉過
爛熟。

獨家秘方

(1) 雞肉的挑選以母雞為主,辨別
    此雞是否肉質結實少肥,可按
    壓雞胸部分,若雞胸看起來飽
    滿,捏起來有彈性不鬆軟,此
    雞必定是多肉好吃。

(2) 煮麻油雞千萬不可加鹽調味,
    否則整鍋雞會變得苦苦的。

(3) 在爆香老薑時最好冷油時就放
    進鍋慢慢爆香,若油溫過熱爆
    炒老薑容易使薑變焦,而影響
    整鍋的味道。

(4) 如果雞肉不馬上吃的話,記得
    要先將雞肉從湯中撈出,避免
    雞肉因持續加溫而將肉煮得太
    老爛。

11. 將麵線燙熟。

12. 舀出雞腿與麻油酒放入麵線中,亦可將雞
    腿與麵線分開放置。

13. 放入一些米酒加味。

14. 麻油雞與麵線成品。

麻油雞

豬血湯

豬血湯算是台灣傳統小吃中，頗具特色的一道路邊攤美食。它不只好吃，其營養更是所向披靡。豬血中的血漿蛋白經過胃酸和消化液分解後，能產生一種有潤腸及解毒作用的物質。這種物質可與粘附於胃腸壁的粉塵、有害金屬微粒等產生化學反應，從而使這些有害物排出體外。因此常喝豬血湯，有幫助體內排出髒東西的好處。除此之外食用豬血可防治缺鐵性貧血。豬血中還含有一定量的卵磷脂，對防治老年性痴呆也很有好處。

提到豬血湯，就不可以忘記它的配料－韭菜。韭菜素有「起陽草」之稱，從名字上來看，就不難知道對於男性性功能有相當的功效，與「威而剛」的效果相比，真是不遑多讓啊！韭菜中除了含有蛋白質、脂肪、碳水化合物之外，也富含胡蘿蔔素與維生素 C；此外，還有鈣、磷、鐵等礦物質，可說營養多多。

韭菜更具備了豐富的纖維素，能夠增強腸胃的蠕動，對預防便秘也有極好的效果；根據醫學報導，韭菜成份中的揮發性精油及含硫化合物，可刺激免疫細胞的增生，有助於提高人體免疫力，抑制癌細胞生長；它同時能減少血液中凝塊，更具降低血壓、血脂的作用，所以食用韭菜對高血脂及冠心病患者頗有好處。

另外，在「溫補肝腎、助陽固精」的藥用價值上也很突出，平常可以嘗試用新鮮韭菜、雞蛋（或蝦仁），加上少許油和鹽炒熟，就是一道日常的益性好菜。

我來介紹

「早年只賣豬血湯，也經過巧思變化，還多了可以選擇辣度的麻辣鴨血，享受這既Q且軟的上等鴨血。我的滷小菜也相當有名，像是豬血湯中的大腸每天花2個小時滷製的唷！」

老闆・古朝禎先生

因為好吃，所以賺錢
昌吉豬血湯

地址：台北市昌吉街46號
電話：（02）2596-1640

製作方式

《 材料

　　昌吉豬血湯的古老闆透露新鮮豬血應該是呈咖啡色狀態；而韭菜最好是經過專業栽培，經過一定的要求的品質才會棒；至於南洋香料，由於採空運來台，不妨走一趟南北貨應有盡有的迪化街試試。

1. 新鮮熟豬血
2. 韭菜
3. 酸菜
4. 特殊沙茶醬
5. 南洋香料
6. 大骨

《《 前製處理

(1) 新鮮豬血約100度熱溫水洗淨後切塊，冷
　　藏約4小時。
(2) 韭菜、酸菜洗淨切片。

《《 製作步驟

1. 大骨熬煮湯頭，以小火慢慢熬煮約1.5小
　　時。加入香料調味，再以小火熬煮約半小
　　時即成高湯底。

2. 將切好的豬血加入熬好的高湯中加熱。

獨家秘方

　　完美無瑕、口感柔軟至恰到好處的豬血，高品質的配菜，以及南洋口味的獨家香料，就是讓豬血湯大大好吃的原因所在。另外，酸菜在豬血湯中的地位也是不容忽視，用約100度熱湯淋上酸菜，可激發酸菜的天然味道，因此豬血湯還是熱熱的喝最好啦！

3. 要吃的時候依照個人口味加入適當的韭菜。

4. 再加入適當的酸菜。

5. 淋上南洋配方的沙茶醬,以增添其香氣和美味。

6. 加入適當的豬血,淋上豬血湯。

7. 香Q的豬血,加上精心熬製的高湯與營養十足的韭菜,這樣的組合就是一道令人吃過就難以忘懷的美味。

擔仔麵

擔仔麵

說起台南的小吃,相信度小月擔仔麵該是當地最有名的一項了。為什麼要叫做度小月呢?據說,這是在光緒年間,有一位原籍漳州的洪姓漁人,移民府城後便靠打漁為生。但打漁有淡、旺季之分,每年從清明到中秋,就是打漁人的淡季,叫做小月。為了養家活口,度過小月,洪姓漁人全心鑽研小吃,將豬肉製成肉燥和於麵上,配以蝦湯、蒜泥、黑醋等作料,製成風味絕佳、膾炙人口的擔仔麵。由於剛開始是以挑擔子的方式賣麵,所以這種麵叫作「擔仔麵」。

當時以挑著竹擔到處去賣的擔仔麵,為便於流動,椅子都是短腿的,當時一面喚著「擔仔麵喔!」,一面提著燈籠走著。現在許多的擔仔麵店雖有店面,卻仍保持原來的復古特色,燒的仍是木炭、土灶,用的仍是生鐵鍋、木蓋、大土缸,以及陳年滷汁的肉燥。這種古老而純樸的情調,是它的一大特色。

擔仔麵的美味秘訣,在於它以豬肉製成的肉燥。每一碗擔仔麵,是用小碗盛著少許的麵或米粉,上置肉燥、去殼的鮮蝦與香菜,再加上蝦湯、摻以黑醋、胡椒。因為油而不膩,香而不燥,加以每碗的份量不多,更讓人齒頰留香。

我來介紹

「不論是台南總店還是台北分店，我們百年傳承的老字號口味是不會改變的。」

老闆‧薛先生

因為好吃，所以賺錢
度小月擔仔麵

地址：台北市忠孝東路4段170巷5弄26號

電話：(02)2773-1244

每日營業額：約2萬元

製作方式

《《 材料

　　擔仔麵的重頭戲不外乎湯頭和肉燥。麵的湯頭則是鮮蝦熬製而成。肉燥是選用肥瘦適中的豬後腿肉，和蔥一同爆炒後，再慢燉而成。至於麵條，則是使用台灣油麵，不放硼砂，半機器的製造方式，可維持麵條的Q度。

1. 台式油麵 　　　5. 蒜泥
2. 豆芽菜 　　　　6. 小蝦子
3. 香菜 　　　　　7. 豬肉（後腿瘦肉）
4. 黑醋（五印醋）　8. 醬油

《《 前製處理

1.肉燥

（度小月擔仔麵的老闆保密肉燥作法，此為專家建議方法。）

(1) 以1斤豬肉為例，需準備的調味料為：醬油半杯、味素和鹽各1茶匙、米酒和糖各1大匙、五香粉1/4茶匙。

(2) 將蒜頭和紅蔥酥爆香後，加入豬肉拌炒。

2.高湯

(1) 將蝦頭洗淨後剁碎。

(2) 以大火熬煮約1個半小時。

《《 製作步驟

1. 度小月擔仔麵祖傳肉燥。

2. 以蝦頭熬煮而成的擔仔麵湯底。

3. 在熱水中燙熟麵條及豆芽菜,需上下左右不停搖動。

4. 憑手感決定麵條熟度後撈起置於碗中。

5. 淋上適量肉燥。

6. 加入蝦頭湯底。

7. 加入適量蝦仁。

8. 淋上少許黑醋。

獨家秘方

　　古早味十足的鹹肉燥，經過百年傳承，不油不膩，風味不變。不過「度小月擔仔麵」向來只將珍貴的肉燥製作方法，傳子不傳女，因此平常人不得其門而入，不過「度小月擔仔麵」現在已經走上企業化經營，成立度小月食品有限公司，將肉燥製成桶裝及罐裝供應市場。一般人只要將度小月肉燥加適量水，溫熱至發出香味，然後以蝦子熬湯，將肉燥及配料加入，便能做出和度小月品味一致的擔仔麵了。

9. 淋上少許蒜泥後即可。

10. 擔仔麵成品及小菜：魯蛋、魯貢丸。

愛 玉 冰

製作愛玉凍時，須將愛玉籽包裹在紗布內，浸在冷開水裏用雙手輕輕搓揉，這個過程稱作「洗愛玉」。洗時要注意水中不能有油性物質，也不能先加糖，否則無法結凍。上述是比較傳統的製作方式，除此之外，也可用果汁機，打兩分鐘後再用紗布擠出。果膠擠出後，不久便會膠結，成為黃色透明、滑嫩Q軟的愛玉凍，切塊之後淋上檸檬汁，再加上冰塊，便是一碗消除暑氣的美味愛玉冰了。

愛玉除了可以消暑之外，也有許多我們意想不到的功效，例如女性經前肝氣不順，溼熱內蘊，所造成的內分泌過於旺盛。建議可以在生理期來前喝一些薏仁湯、愛玉以及綠豆、仙草都可以，或是泡適量的玫瑰花茶飲用也有助益。而因為操勞過度與生活品質不佳引起乾癬。除了要充足睡眠、飲食平衡以及減少壓力之外，食療方式就是綠豆和愛玉籽，在夏天也是最恰當不過的！

另外，因為腸道蠕動減緩而有發生的便秘情形的人，建議要注意水溶性纖維的補充。水溶性膳食纖維有果膠、樹膠、植物黏膠、藻膠等類，除具有預防便秘功能外，亦可降低血中的膽固醇。而愛玉子含豐富的水溶性膳食纖維，可多加攝取。

我來介紹

「不同於市面上所販賣的那般過於透黃，我所使用的愛玉籽成本也所費不眥，每斤的價格絕對超過500元；再加上精心研發調配出來的糖水底，也是有別於一般小吃攤所調味的甜頭，這些都是『懷念愛玉冰』如此令人回味無窮、意猶未盡的原因。」

老闆‧朱清泉

因為好吃，所以賺錢
懷念愛玉冰

地址：台北市廣州街202號之1
電話：（02）2306-1828
每日營業額：1萬8千元

《《材料

愛玉冰顧名思義最重要的就是愛玉籽，一般人可以在迪化街的南北雜貨販售店裡買到，不過在選擇產地時，是以嘉義一帶所生產愛玉籽，在質地上比較精純，不過愛玉籽也是相當有個性的一種植物，真正的好壞還是得憑經驗來分辨。

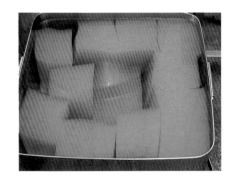

1.愛玉籽   4.檸檬
2.二級砂糖 5.紗布
3.白開水

《《 前製處理

愛玉

(1) 將適量的愛玉籽清洗乾淨。

(2) 沾濕紗布後,用手輕輕搓揉,並擠出果膠,不要太過用力,約7-10分鐘左右,見容器內的水已呈膠稠狀,洗袋因搓擠會冒出氣泡,並感覺袋內果膠已很少時,將裝愛玉籽洗袋取出後,搓洗即完成。

(3) 使用濾網去除愛玉凝膠中的雜質。

(4) 將凝膠裝入適當的容器內等候凝固,大約需要10～20分鐘。

(5) 凝固後可以選擇是否放置冰箱,但在2小時之內食用完畢,風味最佳。

糖水

(1) 在鍋中倒入適當的二級砂糖,用小火拌炒,待砂糖發出香甜味後加入水攪拌。

(2) 加入少量的鹽,將糖的甜味逼出,即成糖水。

《 製作步驟

1. 將洗過的愛玉搓揉後放置結凍。

2. 將結凍的愛玉切成塊狀。

3. 倒入水，利用水的浮力將愛玉凍分離。

4. 還沒要吃的愛玉要記得浸泡在水中。

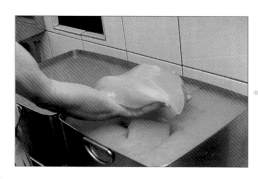

5. 將要吃的愛玉取出，品質好的愛玉，會呈現QQ的狀態，而且不容易散開。

6. 用刀子將愛玉切成容易入口的塊狀。（店家在此用的是網狀的分割器，為營業用的專業器具。）

獨家秘方

愛玉籽的質地所結成的凝膠，是增加Q感的重要因素。

選擇愛玉籽的三大關鍵如下：

(1) 要選皮削得愈薄透，從皮就可以直接捏到愛玉籽的才是上等貨。

(2) 愛玉籽的皮和花呈完整狀，不能脫落。
（脫落的愛玉膠質已退化，洗出的愛玉凝固後會爛爛的，好的愛玉1兩可洗出6斤愛玉凍，差的1兩只能洗出3斤，有的甚至洗不出來。）

(3) 要選擇愛玉花中是三層分佈的愛玉籽，通常這種品種大多為高山愛玉或野生愛玉居多。

(4) 台灣的愛玉籽多分布於中央山脈，其中以阿里山的品質最優；台東山上的愛玉洗出成黃金色；屏東山地的愛玉成褐色；有的愛玉成銘黃看起來一點也不透明，則是因為加了黃色粉調色，消費者要特別注意品質的優劣。

(5) 一顆愛玉籽的保存期限約一年。

7. 將切好的愛玉放入置滿冰塊的冰水中備用。

8. 舀出適量的愛玉凍加入特製的糖水及少許的檸檬汁調味即成可口的愛玉冰。

9. 好吃順口又清涼的愛玉冰成品。

草莓牛奶冰

外型鮮紅嬌嫩，小巧可愛的草莓一直是許多女孩子的最愛，除了它外型討喜以外，嚐起來酸酸甜甜的滋味，就猶如談戀愛般的感覺，因此草莓一直是極受消費者喜愛的水果。草莓是屬於冬天的水果，主要的產季是12月中旬到翌年5月上旬，以2月中旬到4月下旬為盛產期。

因為草莓算是高經濟價值的作物，台灣的氣候又容易滋生病蟲害，因此需要使用農藥來防治，由於草莓的表面凹凸不平，相對的農藥殘留的機率也較大。常常有許多人想吃草莓又因為農藥殘留問題而卻步。為了安全食用，可先將草莓放在濾籃內，用水沖洗後，加鹽浸泡5分鐘左右，之後再經5次左右輕輕得撥弄清洗，這樣一來可以去掉將近70%的農藥殘留。

鮮紅芳香、柔軟多汁的草莓除了外表討喜以外，其豐富的營養素也是不可忽視。中國古書曾記載草莓可被用作利尿劑和止血劑。從中醫的觀點來看，草莓性屬寒，具有潤肺止咳、解毒消炎、清煩除熱、益氣補血等功效。而美國學者研究中也發現草莓裡面含有鞣花酸(Ellagic)，是避免罹患癌症的重要營養素之一。另外，瑞典植物學家林奈也提出草莓具有治痛風的醫療效果之報告。

草莓的維他命C含量相當豐富，每 100公克就含有66公克，大約是蘋果的十倍左右，所以成為愛美人士的最愛，經常食用可養顏美容、滋潤肌膚、美白抗老化、增強抵抗力、防止牙齦出血。此外，維他命C還有助於抗氧化作用，可以抵抗心血管疾病、預防感染流行性感冒！除了維他命C的含量豐富外，草莓還有可以消除宿便的纖維質，可以幫助排便正常，減少罹患直腸與大腸癌的危險，可真是美容又養身的聖品。

現在就請這幾年來帶動芒果牛奶冰與草莓牛奶冰風潮的「冰館」，為我們現身說法，親自來示範草莓牛奶冰的作法吧！

我來介紹

「不管是芒果冰還是草莓冰，我們都首重產品的新鮮度，堅持食材絕對不隔夜，絕對給顧客最新鮮的口感。連草莓醬汁也是我依照新鮮草莓不同的甜度所特別調製出來的。」

老闆‧羅同邑先生

因為好吃，所以賺錢
永康冰館

地址：台北市永康街15號
電話：（02）2394-8279
每日營業額：約15萬元

製作方式

《《 材料

香濃的草莓牛奶冰所需用材料有新鮮草莓、新鮮草莓醬汁、特調焦糖、煉乳以及奶水。將不同品種的草莓依適當比例調配，製成醬汁，再加入新鮮的切塊草莓，做成草莓醬料。焦糖糖水為店家自行熬製，通常一盤刨冰淋上一匙即可，而草莓醬料則覆滿一整盤刨冰，奶水、煉乳適量淋上。

1. 新鮮草莓酌量
2. 特製草莓醬汁（或者以市售的草莓果醬代替）酌量
3. 焦糖糖汁（每一盤冰約一大匙份量）
4. 煉奶 酌量
5. 奶水 酌量

《《 前製處理

草莓醬料的處理是將各種不同品種的草莓依口感比例調製成新鮮醬汁。而加在清冰上的焦糖糖漿，可利用黑糖來熬煮就可以了，但在熬煮時記得要用小火，免的糖汁出現焦味。

《 製作步驟

1. 將冰塊利用市售的家用刨冰
　機刨成細碎的清冰。

2. 淋上自製的焦糖糖汁。

3. 將新鮮草莓切塊放進調製好
　的草莓醬汁中。

4. 在刨冰上淋上滿盤的草莓醬
　料。

草莓牛奶冰

獨家秘方

　　草莓醬汁是「永康冰館」的羅老闆藉由不同品種的草莓依比例調製而成，才能有甜度適中的最佳口感。若不知道怎樣調製特殊的草莓醬汁，用外面市售的草莓果醬代替也可以，加上新鮮的草莓顆粒、淋上奶水與煉乳，這樣也是一盤好吃的草莓牛奶冰。

5. 淋上一匙煉乳。

6. 淋上適量的奶水。

7. 加上一球特製的芒果冰淇淋。在家自己吃可以看個人口味，也可以到外面買一桶香草冰淇淋或其他口味也行，挖一球加在上面，吃起來的味道也同樣很濃郁、香醇。

8. 完成後的超級草莓牛奶冰成品。

國家圖書館出版品預行編目資料

嚴選台灣小吃DIY / 大都會文化編輯部 著
-- -- 初版 -- --
臺北市：大都會文化，2002〔民91〕
面；公分. -- -- （DIY系列；2）
ISBN 957-28042-1-9（平裝）
　　　　　1.食譜
427.1　　　　　　　　91017426

作　　者	大都會文化編輯部
發 行 人	林敬彬
主　　編	張鈺玲
助理編輯	蔡佳淇
美術編輯	像素設計　劉濬安
封面設計	像素設計　劉濬安
出　　版	大都會文化　行政院新聞北市業字第89號
發　　行	大都會文化事業有限公司

110台北市基隆路一段432號4樓之9
讀者服務專線：（02）27235216
讀者服務傳真：（02）27235220
電子郵件信箱：metro@ms21.hinet.net

郵政劃撥	14050529　大都會文化事業有限公司
出版日期	2002年10月初版第一刷
定　　價	220元
ＩＳＢＮ	957-28042-1-9
書　　號	DIY-002

Printed in Taiwan

北 區 郵 政 管 理 局
登記證北台字第9125號
免 貼 郵 票

大都會文化事業有限公司

讀者服務部收

110 台北市基隆路一段432號4樓之9

寄回這張服務卡(免貼郵票)

您可以：

◎不定期收到最新出版訊息

◎參加各項回饋優惠活動

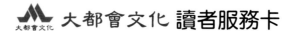 **大都會文化 讀者服務卡**

書號：DIY-002　嚴選台灣小吃DIY

謝謝您選擇了這本書！期待您的支持與建議，讓我們能有更多聯繫與互動的機會。日後您將可不定期收到本公司的新書資訊及特惠活動訊息。

A. 您在何時購得本書：_____年_____月_____日

B. 您在何處購得本書：_____書店，位於_____(市、縣)

C. 您購買本書的動機：（可複選）1.□對主題或內容感興趣 2.□工作需要 3.□生活需要 4.□自我進修 5.□內容為流行熱門話題
　 6.□其他_____

D. 您最喜歡本書的：（可複選）1.□內容題材 2.□字體大小 3.□翻譯文筆 4.□封面 5.□編排方式 6.□其它_____

E. 您認為本書的封面：1.□非常出色 2.□普通 3.□毫不起眼 4.□其他_____

F. 您認為本書的編排：1.□非常出色 2.□普通 3.□毫不起眼 4.□其他_____

G. 您有買過本出版社所發行的「路邊攤賺大錢」一系列的書嗎？1.□有 2.□無（答無者請跳答J）

H. 「路邊攤賺大錢」與「嚴選台灣小吃DIY」這兩本書，整體而言，您比較喜歡哪一本書？1.□ 路邊攤賺大錢 2.□ 嚴選台灣小吃DIY

I. 請簡述上一題答案的原因：_____
_____

J. 您希望我們出版哪類書籍：（可複選）1.□旅遊 2.□流行文化 3.□生活休閒 4.□美容保養 5.□散文小品 6.□科學新知
　 7.□藝術音樂 8.□致富理財 9.□工商企管 10.□科幻推理 11.□史哲類 12.□勵志傳記 13.□電影小說
　 14.□語言學習（____語）15.□幽默諧趣 16.□其他_____

K. 您對本書(系)的建議：_____
_____

L. 您對本出版社的建議：_____
_____

讀 者 小 檔 案

姓名：_____　　性別：□男 □女　　生日：_____年_____月_____日

年齡：□20歲以下 □21～30歲 □31～50歲 □51歲以上

職業：1.□學生 2.□軍公教 3.□大眾傳播 4.□ 服務業 5.□金融業 6.□製造業 7.□資訊業 8.□自由業 9.□家管 10.□退休
　 11.□其他_____

學歷：□ 國小或以下 □ 國中 □ 高中／高職 □ 大學／大專 □ 研究所以上

通訊地址：_____

電話：（H）_____（O）_____傳真：_____

行動電話：_____E-Mail：_____

大都會文化事業圖書目錄

直接向本公司訂購任一書籍，一律八折優待（特價品不再打折）

度小月系列

路邊攤賺大錢【搶錢篇】.....................定價280元
路邊攤賺大錢2【奇蹟篇】.....................定價280元
路邊攤賺大錢3【致富篇】.....................定價280元
路邊攤賺大錢4【飾品配件篇】.................定價280元
路邊攤賺大錢5【清涼美食篇】.................定價280元
路邊攤賺大錢6【異國美食篇】.................定價280元

流行瘋系列

跟著偶像FUN韓假.............................定價260元
女人百分百──男人心中的最愛.................定價180元
哈利波特魔法學院.............................定價160元
韓式愛美大作戰...............................定價240元
下一個偶像就是你.............................定價180元

DIY系列

路邊攤美食DIY................................定價220元

人物誌系列

皇室的傲慢與偏見.............................定價360元
現代灰姑娘...................................定價199元
黛安娜傳.....................................定價360元
最後的一場約會...............................定價360元
殤逝的英格蘭玫瑰.............................定價260元
優雅與狂野─威廉王子.........................定價260元
走出城堡的王子...............................定價160元
船上的365天..................................定價360元

City Mall系列

別懷疑，我就是馬克大夫.......................定價200元
就是要賴在演藝圈.............................定價180元
愛情詭話.....................................定價170元
唉呀！真尷尬.................................定價200元

精緻生活系列

另類費洛蒙...................................定價180元
女人窺心事...................................定價120元
花落...定價180元

發現大師系列

印象花園─梵谷...............................定價160元
印象花園─莫內...............................定價160元
印象花園─高更...............................定價160元
印象花園─竇加...............................定價160元
印象花園─雷諾瓦.............................定價160元
印象花園─大衛...............................定價160元
印象花園─畢卡索.............................定價160元
印象花園─達文西.............................定價160元
印象花園─米開朗基羅.........................定價160元
印象花園─拉斐爾.............................定價160元
印象花園─林布蘭特...........................定價160元
印象花園─米勒...............................定價160元
印象花園套書（12本）.........................定價1920元
....（特價1499元）

Holiday系列

絮語說相思 情有獨鐘.........................定價200元

工商管理系列

二十一世紀新工作浪潮.........................定價200元
美術工作者設計生涯轉轉彎.....................定價200元
攝影工作者設計生涯轉轉彎.....................定價200元
企劃工作者設計生涯轉轉彎.....................定價220元
電腦工作者設計生涯轉轉彎.....................定價200元
打開視窗說亮話...............................定價200元
七大狂銷策略.................................定價220元
挑戰極限.....................................定價320元

30分鐘教你提昇溝通技巧 定價110元
30分鐘教你自我腦內革命 定價110元
30分鐘教你樹立優質形象 定價110元
30分鐘教你錢多事少離家近 定價110元
30分鐘教你創造自我價值 定價110元
30分鐘教你Smart解決難題 定價110元
30分鐘教你如何激勵部屬 定價110元
30分鐘教你掌握優勢談判 定價110元
30分鐘教你如何快速致富 定價110元
30分鐘系列行動管理百科（全套九本）.......定價990元
　　（特價799元，加贈精裝行動管理手札一本）
化危機為轉機 定價200元

親子教養系列
兒童完全自救寶盒 定價3,490元
　　（五書+五卡+四卷錄影帶 特價：2,490元）
兒童完全自救手冊─爸爸媽媽不在家時 定價199元
兒童完全自救手冊─上學和放學途中 定價199元
兒童完全自救手冊─獨自出門 定價199元
兒童完全自救手冊─急救方法 定價199元
兒童完全自救手冊─
　　急救方法與危機處理備忘錄 定價199元

語言工具系列
NEC新觀念美語教室 定價12,450元
　　（共8本書48卷卡帶　特價 9,960元）

大旗出版 大都會文化事業有限公司
台北市信義區基隆路一段432號4樓之9
電話：（02）27235216（代表號）
傳真：（02）27235220（24小時開放多加利用）
e-mail：metro@ms21.hinet.net
劃撥帳號：14050529
戶名：大都會文化事業有限公司

您可以採用下列簡便的訂購方式：

● 請向全國鄰近之各大書局選購
● 劃撥訂購：請直接至郵局劃撥付款。
　帳號：14050529
　戶名：大都會文化事業有限公司
　　　（請於劃撥單背面通訊欄註明欲購書名及數量）
● 信用卡訂購：請填妥下面個人資料與訂購單
　　　　　　　（放大後傳真至本公司）
讀者服務熱線：(02) 27235216（代表號）
讀者傳真熱線：(02) 27235220（24小時開放請多加利用）
團體訂購，另有優惠！

信用卡專用訂購單

我要購買以下書籍：

書　　　名	單價	數量	合　計

總共：＿＿＿＿＿＿本書＿＿＿＿＿＿元
　　（訂購金額未滿500元以上，請加掛號費50元）

信用卡號：＿＿＿＿＿＿＿＿＿＿＿＿＿
信用卡有效期限：西元＿＿＿＿＿年＿＿＿＿＿月

信用卡持有人簽名：＿＿＿＿＿＿＿＿＿＿
　　　　　　　　　　（簽名請與信用卡上同）

信用卡別：□VISA □Master □AE □JCB □聯合信
用卡
姓名：＿＿＿＿＿＿＿＿＿＿性別：＿＿＿
出生年月日：＿＿＿年＿＿＿月＿＿＿日 職業：＿＿
電話：（H）＿＿＿＿＿＿（O）＿＿＿＿＿＿
傳真：＿＿＿＿＿＿＿＿＿＿＿＿＿＿＿
寄書地址：□□□＿＿＿＿＿＿＿＿＿＿＿

e-mail：＿＿＿＿＿＿＿＿＿＿＿＿＿＿＿

DIY 系列

景氣度小月
路邊攤讓你月入三十萬不是夢

度小月系列4
路邊攤賺大錢【飾品配件篇】
林怡君 著

定價：280元

不喜歡油膩膩的小吃生意嗎？
那麼沒關係，路邊攤賺大錢
第四集裡，推出時下最流行
的【飾品配件篇】，教導你
如何挑選漂亮、耐看且美麗
流行的戒指、項鍊、手環，
還將老闆的看店經驗與批貨
心得一一都告訴你，讓你可以快速抓住顧客的心，
順利且成功的開啟事業的春天。

度小月系列5
路邊攤賺大錢【清涼美食篇】
邱巧貞 著

定價：280元

炎炎夏日裡，賣冰品飲料是
賺錢的小吃生意。不論爽口
的涼麵、甜甜的酸梅湯、香
濃的芋頭冰，還是夏天最流
行的芒果牛奶冰，本書都將
介紹詳盡的作法，讓你以路
邊攤冰品小吃衝出事業的瓶頸，
創造出個人事業的春天，打
敗不景氣。

度小月系列6
路邊攤賺大錢【異國美食篇】
師瑞德 著

定價：280元

跳脫了以往度小月系列中都
以台灣傳統小吃為主的範疇，
這一次介紹異國料理讓老饕
們能夠嚐一嚐多國風味，也
讓有心想要以路邊攤創業的
人可以有更多的選擇。這一
次書中介紹包括了法國的可
麗餅、日本的章魚燒、美式鬆餅、以及中東沙威瑪
等等，讓你來一趟路邊攤美食之旅。

嚴選 台灣小吃 DIY

大都會文化

ISBN 957-28042-1-9

00220

9 789572 804216

DIY-002   NT$220

路邊攤 超人氣 小吃 DIY

12 種超人氣美味小吃教你做

路邊攤老闆的獨家秘方、詳細作法不藏私全公開！

讓你以最少的花費！吃最棒的美食！

大都會文化 編輯部◎編著

精選推薦

芋頭牛奶冰・豆花・燒酒蝦・當歸鴨・
四神湯・鹹米苔目・台式肉粥・紅燒鰻・
手工肉圓・胡椒餅・蔥燒餅・涼麵

搶救失業自己來，
路邊攤幫你渡難關

度小月系列 1
路邊攤賺大錢
【搶錢篇】
白宜弘、趙濰 著
定價：280元（全彩）

度小月系列 2
路邊攤賺大錢
【奇蹟篇】
白宜弘、趙濰 著
定價：280元（全彩）

度小月系列 3
路邊攤賺大錢
【致富篇】
白宜弘 著
定價：280元（全彩）

度小月系列 4
路邊攤賺大錢
【飾品配件篇】
林怡君 著
定價：280元（全彩）